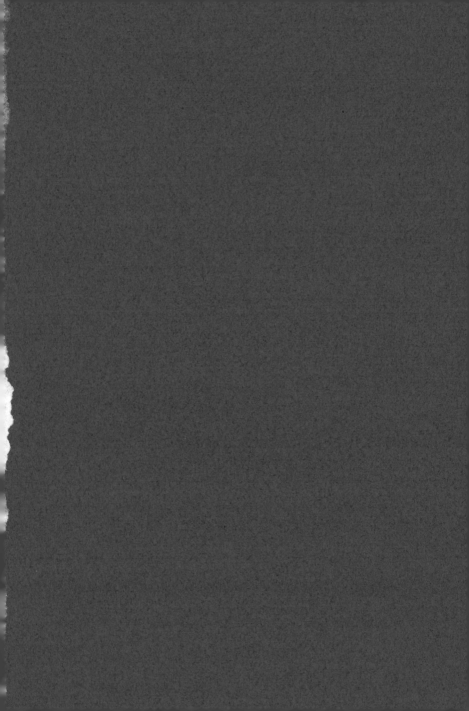

De guerre en guerre,
De 1914 à l' Ukraine

戦争から戦争へ

ウクライナ戦争を
終わらせるための必須基礎知識

エドガール・モラン 著
Edgar Morin
杉村昌昭 訳

人文書院

戦争から戦争へ　目次

凡例

一、本書は以下の全訳である。Edgar Morin, *De guerre en guerre: De 1914 à l'Ukraine*, Éditions de l'Aube, 2023.
一、訳者による補足は〔 〕で示した。
一、章番号は原著には付されていない。日本語版独自のものである。

戦争から戦争へ
——ウクライナ戦争を終わらせるための必須基礎知識

1　戦争から戦争へ

ヨーロッパに最初の恐るべき空爆が行なわれたのは一九四〇年五月、ロッテルダムを破壊したドイツ空軍の空爆であった。それに続いて一九四〇年夏、ロンドンでも同様の事態が起きたが、これはイギリス空軍の勇敢な抵抗によって阻止された。

その後、連合国軍によるドイツの諸都市への空爆があった。

当時私はド・ラトル・ド・タシニ［フランスの軍人］の率いるフランスの第一軍参謀本部に配属されていて、この空爆の直後プフォルツハイム［ドイツ南西部の都市］に行った。空爆された町の光景に恐ろしさを感じたが、その感情をこらえながら「戦争とはこういうものだ」と思ったことを記憶している。

プフォルツハイムはその後どうなったか。すでに敗北が明らかになっていたドイツが降伏する三カ月前の一九四五年二月、プフォルツハイムの小さな町はイギリス空軍の三百六十七回にわたる空襲で完全に破壊されたのだった。町の建物の八十三パーセントが破壊され、住民の三分の一にあたる一万七千人ほどの市民が殺され、同じくらいの数の負傷者がでた。

その後私は、カールスルーエやマンハイムも、アメリカ軍による爆撃によって大損害を与えられたことを知った。ハンブルグも同様である。ベルリンはどうだったか。私は一九四五年六月、アメリカ軍の爆撃やソ連軍の大規模な砲撃によって廃虚と化したこの町を歩き回った。

さらに私は、同じ年［一九四五年］の二月十三〜十四日に、イギリスとアメリカの千三百機の爆撃機が非武装の芸術都市ドレスデンに二千四百三十トンの焼夷弾を落として、この町を絶滅させたことを知った。赤十字の推算によると、このときの死者は三十万人以上にのぼった。

こうしたことに私は衝撃を受けた。しかし、ナチスの恐ろしさ、ナチスが占領した国々、とくにソ連において行なったことのおぞましさのために、連合国軍によるドイツの市民の恐るべき大量殺戮——それは戦闘員以上に女性や子どもや老人を含み町全体を破壊するものであった——については、われわれ反ナチスのレジスタンス活動家は概して無頓着であった。もうひとつ、連合国軍のノルマンディー上陸作戦のとき、ノルマンディー地方の市民の死者の六十パーセントは連合国軍の爆撃によるものであったこともつけくわえておこう。

こうしたことを私は長らく忘れていたのだが、ロシアによるウクライナ侵略が始まったとき、ナチスの蛮行に対して文明の名のもとに行なわれた爆撃の野蛮性が私の心のなかに蘇《よみがえ》ってきた。

戦争を知らない世代はウクライナで殺されている市民や破壊された家々のテレビ映像を見て当然にも恐怖するのだが、私はそれを見ながら、われわれの軍隊、とくにアメリカの軍隊が行なった大量破壊や大量殺戮を思い起こすのである。

ニュルンベルグ裁判（一九四五〜一九四六）はヒトラー主義（ドイツ国家社会主義）を断罪し、〈戦争犯罪〉という新たな法的概念を制定した。

戦争犯罪という概念は不明瞭なものにとどまっている（というのは、国際人道法は条約や慣習法によって確立されたもので、違反者は国際法に照らした個人的刑事責任を負うにすぎないから）が、この概念をダヴィッド・ヴァン・レイブルック［ベルギーの文化史家・作家］が〈Revolusi〉(1)という著書のなかで、三つの指標に従って明確にしている。すなわち、偶発的、構造的、体系的、という三つの指標である。

［1］偶発的戦争犯罪は、個人や軍事集団が命令や指令なしで行なった拷問や殺戮。

［2］構造的戦争犯罪は、将校や将官が決定を下した犯罪や暴力行使。

［3］体系的戦争犯罪は、戦争を開始した政府の軍事戦略に属する犯罪。

こうしたすべての犯罪は市民や武装解除した軍人を対象としたものである。

第二次大戦中、ドイツが、ユダヤ人、ジプシー、人質にされたり銃殺されたりした市民に対して犯した戦争犯罪が、体系的、構造的、偶発的という三つの指標にあてはまる戦争犯罪であり、この戦争における第一の主要な犯罪を構成したことは明らかである。しかし、連合国軍によるドイツの諸都市への大規模な爆撃、軍事目標以外の住民に対する爆撃は、あとから振り返ってみると、体系的犯罪であったと考えざるを得ない。

ナチズムはそのレイシズムと暴虐性――これはドイツの反体制派や民衆に対しても行なわれた――において、たしかに犯罪的であった。民主的連合国にこれはあてはまらないが、しかし連合国もかつての植民地征服のときや植民地化した人々に対する抑圧において、〈戦争犯罪〉と命名すべきことを犯していたことを

（1） David van Reybrouk, *Revolusi. L'Indonésie et la naissance du monde moderne*, traduit. du néerlandais de Belgique par Isabelle Rosselin, Arles, Actes Sud, 2022 [2020].

忘れてはならない。

ナチズムは当然にもニュルンベルグ裁判で断罪されたが、この裁判は〝事実上〟スターリニズムの犯罪を隠蔽した。それはニュルンベルグ裁判の検事のひとりであったアンドレイ・ヴィシンスキーが一九三五〜三七年のモスクワ裁判の検事であったことにもよる。モスクワ裁判はスターリニズムによる虚構裁判であり、背信行為やスパイ行為という偽造された告発によって無実の人間を死刑や追放に処したことでよく知られている。

ソ連は嘘と強制収容所と殺戮が織りなされた体制であった。しかしソ連は、ヨーロッパをナチズムから解放するのに最大の貢献を行なった国でもある。そうであるがゆえに、ワシーリー・グロスマン［ソ連の作家・ジャーナリスト］はいみじくも、スターリングラードの戦い［ソ連軍がナチスから奪回しナチス敗北の決定的転換点となった戦い］は「人類の最大の勝利であり最大の敗北」であったと述べたのである。(2)

われわれは、アメリカによる野蛮な爆撃を隠蔽したのと同じように、スターリニズムの野蛮性をも隠蔽したのである。現場で見たヒトラーの収容所の恐るべき光景が忘れられないために、われわれはソ連の強制収容所のありさまを見ようとせず、知ろうとしなかったのだ。

われわれはナチスというおぞましいシステムに対する戦争を行なった。しかし当時、私は、スターリン体制の犯罪が過去に属するものであり、ソ連は輝かしい未来に向かっていると信じ込んだ人々のひとりであった。ソ連の勝利に熱狂した人々は、ポーランドの分断を生み出した一九三九年の独ソ不可侵条約が何を意味するものであったかを完全に忘れ去ったのである。

ナチスへのレジスタンス運動がいかに正しいものであったとしても、この〈善〉

（2）Vassili Grossman, *Vie et destin*, traduit du russe par Alexis Berelowitch et Anne Coldefy-Faucard, Lausanne, L'Âge d'Homme, 1980[achevé en 1962].［ワシーリー・グロスマン『人生と運命1〜3』齋藤紘一訳、みすず書房、二〇一二年、新装版］

の戦争はそのなかに〈悪〉をも含む戦争でもあったことが明らかになるには、長い年月を経なくてはならなかった。

当時ナチスのレイシズムによる虐殺が数百万人ものユダヤ人に及び、他の犯罪をも含めると膨大な犠牲者がでたことは確かだとしても、同時に、連合国軍による三千メートル上空からの無差別爆撃によって、数十万人もの市民の命が奪われたことも確かなのである。

第二次世界大戦のときには、連合国軍によるものをも含む計り知れない残虐行為が遂行された。数知れないレイプや殺戮が行なわれた。ジュアン将軍のイタリア遠征部隊［アルフォンス・ジュアンを司令官とするイタリア遠征部隊で反ファシズム戦争の突破口を開いた］も例外ではなかった。（私は、われわれがすでに勝利したあと、友人のジュールに、われわれが占領した地帯で〈やりたい放題〉やろうじゃないかと誘われたことを覚えている。もちろん私は断ったのだが、戦争ではこんなことが起きるのである）。

さらに言うなら、フランスはナチスから解放されて間もない頃、セティフの大虐殺［フランス領アルジェリアのセティフの市場町で行なわれたフランス植民地当局による民間人の大虐殺］によって、アルジェリア民衆の自由への希求を血の海に沈めた。一九四五年五月から六月にかけて四万五千人を虐殺したのである。

2　戦争ヒステリー

私はまた、戦争ヒステリーについて、つまり戦争が熱狂的な見境のない状態を生み出すことについて思い出してみたい。一九一四～一八年の戦争のとき、フランス人とドイツ人のあいだで抑えようのない憎しみがわきあがった。この憎しみはその後も収まらず、第二次世界大戦のときにはいっそう激しくなった。しかしその後、さいわいなことになんとか鎮静した。戦争ヒステリーという言い方は、もちろんいわゆるヒステリーという概念に由来する。精神的あるいは想像的兆候が現実的兆候に転化し、現実として現れるということである。

一九一四～一九一八年の戦争ヒステリーは、敵を憎み、敵を全面的に犯罪者扱いし、すべての犯罪を敵が犯したものと見なした。そして自軍の行為や成果を一方的に正当化して称揚し、とりわけ塹壕戦のむごたらしい現実を隠蔽するものだった。

一九一四～一九一八年の戦争のあいだに起きた恐るべき事実を隠蔽し偽装するプロパガンダを、『カナール・アンシェネ』〔フランスの風刺新聞〕は「頭の詰めもの」と呼んだ。それは自陣営の見方、コミュニケ、談話しか伝えず、敵の見方をまったく知らさないものだった。

第二次大戦中のドイツ占領下においては、事情は違っていた。というのは、この戦争が続いた五年のあいだ、わが国の新聞に載った占領者ドイツのプロパガンダ、その情報や発言やイメージを、われわれは疑いの目で見たからである。われわれは〈ラジオ・ロンドル〉〔第二次大戦中イギリスのBBCがフランス向けに流した放送〕を聞きながら、実際に何が起きているか、ことの真相を知ることができたのである。

3　戦争にからむ嘘

戦争にからむ嘘は戦争のプロパガンダのなかで最もおぞましいもののひとつであり、なかでも最悪の嘘は自らの犯罪を敵の犯罪に仕立て上げることである。

一九四一年五月、スターリンの命令によって、数千人のポーランドの将校と兵士が、ソ連に占領されたポーランドのカチンの森で虐殺された。一九四三年、ドイツがその死体置場を発見し、このソ連の犯罪を告発した。しかしソ連はこの虐殺をナチスの仕業であると執拗に主張した。私は一九四四年秋、〈ヒトラーの犯罪〉という展示会を組織したが、そのときソ連大使館は、カチンの近隣の住民がドイツ人が虐殺するところを見たという証言に関する大量の資料を私に送り届けてきた。一九五六年十月〔一時的雪解け期〕、私はポーランドを訪れたが、そのときになってようやく、ワルシャワの友人たちが、ことの真相——それもまだ非公式であったが——を私に教えてくれた。この真相は、それからもっとあとのゴルバチョフの時代に、スターリンが許可した虐殺命令の公表によって公式に認定されたのであった。

朝鮮戦争のとき、中国はアメリカが生物戦を仕掛けていると告発したが、これも同様であった。中国当局は外国の科学者を招待して、顕微鏡で大量の細菌を見せた。一部の世界世論はこれを信じ込んだ。私のハンガリーの友人が、当時このアメリカの犯罪について本を書き、各国語に翻訳されたが、戦争が終わったとき、彼は中国の情報提供者からこの告発をやめるように言われたとのことである。

実際、どんな戦争も——もちろん現在起きている戦争も——、大なり小なり嘘を培養するのである。

ロシアはたくさん嘘をついているが、ウクライナもポーランドの村に着弾したウクライナのミサイルをロシアのものだと嘘をついた。これが本当にロシアのものであったら、西洋全体を直接戦争に引き込んでいただろう［つまりＮＡＴＯがこれを口実に全面戦争に踏み切ったかもしれないということ］。

ともあれ、卑劣なプーチン体制はウクライナの人々だけでなく、ロシアの人々にも戦争の脅威をもたらしているのである。

4　スパイ恐怖症

戦争ヒステリーはスパイ恐怖症を引き起こす。つまり自分たちの陣営には敵に雇われたスパイがはびこっているという思い込みである。そのため、いたるところを疑わしい目で見る強迫観念にも似た警戒心が発生する。

たとえば一九四〇年、ドイツがフランスに侵攻してきたとき、多くのフランス人は、ドイツ軍の侵攻以前に〈第五列〉のスパイ軍団がまだ占領されていない町にひしめいていると信じ込んだ。その頃、あるトゥールーズ市民［この町はまだ占領されていなかった］が私に、スパイの仮面を剝いで五人の裏切り者をつかまえたと言った。どうしてわかったかというと、この五人は「やつら［ドイツ人］

は強いんだよね？」という問いかけに肯定で答えた、というのだ。私もそう問われたが、私は「われわれが弱いんだ」と答えたので、さいわいにも無罪放免になったのである。

5 敵国民の犯罪者化

戦争ヒステリーはとりわけ憎しみの爆発として表出される。その感情は敵を犯罪者として扱い、その責任を集団的なものと見なすようになる。つまり連帯責任ということだ。個人的犯罪あるいは小部隊の犯した犯罪でも敵軍全体の責任になるだけなく、敵国の指導者の犯罪とされ、さらには敵国民全体の責任とされるのである。たとえば、ドイツ人全体がナチスの犯罪に責任があると見なされたということである。逆に、敵国の文化に対する憎しみは、ナチスドイツの大きな特徴のひとつであった。フランスのシャンソン、ロシアの音楽、民主主義諸国の〈退廃芸術〉が、ナチス統治下のドイツでは禁止されたのである。

私は第二次大戦中、対独レジスタンスに参加しながら、ドイツ人全体を犯罪者扱いすることに抵抗した者のひとりである（こうした人は少なかった）。私は反ナチスの違法ビラをいつも作成していたが、それは反ドイツでも反ボッシュ［ドイツ人に対する軽蔑語］でもないビラだった。

ドイツの作家ハンス・カロッサのフランス語への翻訳者で、ナチスによって銃殺されたコミュニストのレジスタンス活動家、ジャック・ドゥクール［フランスの作家、ゲルマニスト］の遺した最後の言葉は素晴らしい。彼はこう叫んだのである。「愚か者めが。私はおまえたち［ドイツ人］のために死ぬのだぞ」。また［フランス北西部のシャトーブリアンの砂利採石場で］銃殺されたジャン＝ピエール・タンボー［労働組合出身のレジスタンス活動家］の言葉も素晴らしい。彼はこう叫んだのである。「ドイツ共産党万歳！」

敵国に責任を負わせ敵国民全体を犯罪者扱いするのは、戦争ヒステリーの錯乱に固有の性格である。われわれは最近、フランスの女性や子どもを殺害して正当化したジハディストの行為にその現れを見た。ジハディストは、この犠牲者を含む西洋人が、中東でアラブ市民を殺す爆撃に責任があると見なしたのである。残念なことに、政府当局やメディアが広めるプロパガンダに従順な多くの人々は明晰な意識を失い、愚劣きわまりない嘘を無分別に信じ込んで、憎しみに取り憑かれる。

おまけにこうした特徴は戦時だけにとどまらなくなる。平和時にもファナティシズムとして立ち現れる。たとえば、かつて万国のコミュニストたちは、そのソ連信仰のために、［一九三〇年代の］モスクワ裁判の被告たち、次いで戦後のプラハ、ブダペスト、ソフィアなど［〝東欧の春〟］におけるコミュニストの指導者たちが、裏切り者でありスパイであると信じ込んだのである。

ヒトラー゠トロツキー主義などという卑劣きわまりない用語を信じ込んだ人々も多数存在した。そうした人々の目から見たら、［スターリンの指令による］トロツキーの暗殺は正しい行ないであったということになるのである。

敵への憎しみに取り憑かれた兵士たちは普通の市民を平然と殺すことになる。また軍の階級が上位の兵士は殺害命令を平気で出すことにもなる。加うるに、兵士たちは敵の町や村の征服に陶酔して無軌道になり、盗みや略奪だけでなくレイプや殺害を行なうようになる。

かつてソ連兵は、征服したドイツの諸地域においてレイプを狂乱的に繰り返し行なった。しかし、われわれの多くはこのようなレイプの波を戦争に伴う不可避的な副産物と見なしていた（そう考えたことを私は今も後悔している）。というのは、ドイツ軍による占領地での卑劣な行為が、こうした復讐行為を不可避的にもたらすのだと考えていたからである。

戦争ヒステリーは戦争犯罪を必然的に増加させる。つまり軍の部隊や軍事施設とは関係のない都市の爆撃、民間の建物――とくに病院、学校など――の破壊、市民への発砲、捕虜や負傷者への残虐行為、人質の処刑などである。

アインザッツグルッペン［ドイツ保安警察の敵性分子銃殺部隊］やドイツ軍やS

S［ナチス親衛隊］がソ連で犯した戦争犯罪は巨大な規模に及んだ。しかし繰り返し言うが、とくにアメリカやイギリスの空軍によるドイツ諸都市への容赦のない爆撃もまた、大きな戦争犯罪なのである。

戦争［を仕掛けること］自体が特筆すべき犯罪性を持っている場合がある。たとえばナチスドイツが行なったソ連に対する戦争、ロシアによるこのたびのウクライナへの侵略などがそうである。しかしいかなる戦争も本来的に犯罪的なのであり、政府やメディアが嘘を包含した一方的プロパガンダによって戦争ヒステリーを維持しようとすること自体が戦争犯罪であると言わねばならない。そうした行為は軍事的行為から食《は》み出した異次元の犯罪性を構成しているのである。

われわれは、ボスニアで、イスラム教徒、東方正教徒、カトリック教徒が数百年にわたって平和的に共存し、チトー主義の非宗教化政策によって数え切れない異種混交的な結婚や親密な同胞愛が行なわれたことを見てきた。しかしユーゴスラビア戦争が、こうした豊かな共同的社会組織を破壊し、兄弟殺しに至る憎しみを引き起こした。

かくして、戦時ではなく正常化されたと言われる時期になっても、こうした共同性が失われ、区分され関連性を失ったばらばらの知識が支配的潮流になっている。ファナティックなヒステリーあるいは戦争ヒステリーが迫《せ》り上がってくると、それが決定的支配力を持ち、複合的な知識や諸状況を関連づけて捉えようとする思考に対する拒否と憎しみを引き起こすのである。

ウクライナ戦争はすでに経済的にも政治的にも世界化されているにもかかわらず、私がこの文章を書いている時点でもまだ、新たな世界戦争が局地的・限定的に出現したにすぎないものと見なされている。しかしこの戦争はすでに双方から数え切れないくらいの偶発的かつ構造的な戦争犯罪を引き起こし、侵略者の体系的戦争犯罪をもたらしていることに留意しなくてはならない。

われわれは現在、すでにロシアでもウクライナでもスパイ恐怖症が出現し、逮捕者が相次いでいること、そして最悪のケースも起きていることを目の当りにしている。

そうであるがゆえに私は、ウクライナをナチスに重ね合わせるロシア「プーチン」のプロパガンダが憎しみを拡散させることを恐れているのである。このプロパガンダは、かつて第二次世界大戦中、ステパーン・バンデーラ［一九〇九〜一九五九］に率いられたウクライナ独立運動が、ドイツ軍に占領されたウクライナで、ナチスによるユダヤ人の大量虐殺というおぞましい行為に協力したという明白な事実を、過度に一般化して利用している。

われわれはロシア当局が戦争に伴う憎しみによって、ウクライナのナチス化という神話を広めていることを知っているが、それがロシア民衆にどの程度まで浸透しているかは知らない。他方ウクライナで、戦争に伴う憎しみがどんな結果を招いているかをあまり知らない。しかし、プーシキン、トルストイ、ドストエフスキー、チェーホフ、ソルジェニーツィンなどを含むロシア文学、さらにはロシアの作曲家の音楽などが禁止されていることは、ロシア民衆ならびにロシア文化に対する憎しみがこの戦争によってもたらされていることを示す、大きな不安を感じさせるしるしであると言わねばならない。

これまでロシア人とウクライナ人とのあいだには、結婚、友愛など親密な交際を通じて多数多様なつながりが織り上げられてきた。これが永遠に破壊されてしまうのであろうか。われわれはウクライナ戦争から距離を取り、巻き込まれたくないと思っている。そのためには正確な情報を取得することが不可欠である。しかしフランスのメディアは、ウクライナの発信する情報しか提供しない。これはこの紛争がどうして起きたのか、そのさまざまな状況的関連を抹消することにしかならない。

われわれはわれわれをしてロシアを憎むように仕向ける戦争プロパガンダの大波を受けている。ウクライナのすべてを無条件に称賛し、あらゆる状況関連性に目を塞《ふさ》ぐように仕向けられている。たとえば、二〇一四年以来、ウクライナとウクライナ領のロシア語流通地域とのあいだで絶えず戦争が続いてきたことや、アメリカが果たしてきた役割については無視されている。後者についてはいずれ歴史的検証を行なわねばならないだろう。

フランスにおいてウクライナ戦争の初期から引き起こされた戦争ヒステリーは、自分たちは死のリスクに巻き込まれずに平穏な生活を続けながら、ウクライナを媒介にして最後までロシアと戦争をし続けるという不寛容な決意として立ち現れている。

6　紛争のエスカレーション

今までのいかなる戦争とも似ていないこの新たな戦争［ウクライナ戦争］を歴史的に位置づける前に、最悪の残酷さを引き起こし最も悲劇的な結末を招いた戦争のエスカレーションについて、私が経験したことを思い起こしておかねばならない。

第二次大戦中におけるヨーロッパのユダヤ人に対する〈最終解決〉が大虐殺であったことはよく知られている。ナチスドイツはロシアを侵略してすぐに大量のユダヤ人を虐殺したのだが（一九四一年九月二十九〜三十日、ウクライナのバビ・ヤール［首都キエフ近くの峡谷］で三万三千人以上を殺した）、大陸にいるすべてのユダヤ人を絶滅する計画の決定は、モスクワを前にしたドイツの最初の敗北とアメリカの参戦（どちらも一九四一年十二月）のあと、一九四二年一月に行なわれた。このときヒトラーは、はじめて敗北を意識し、ユダヤ人が戦争の勝者になる〈リスク〉を除去しようと決心したのである。

一九四二年春、ドイツは、占領したポーランドに絶滅収容所を建設し、ヨーロッパユダヤ人の大規模な移送が始まった。そして大量殺戮は収容所が解放されるまで続いた。

全戦線におけるドイツ軍の執拗な抵抗が、イギリス空軍とアメリカ空軍によるドイツの諸都市への空爆の激化を招いたと考えられる。

戦争が始まった当初から、ドイツとアメリカは大量殺戮兵器の開発を行なっていた。ドイツは原子爆弾をつくることはできなかったが、戦争の末期、ロンドンにミサイル兵器、V－1・V－2ロケット（飛行爆弾）を発射し、大規模ではないが死者や破壊をもたらした。

アメリカはマンハッタン計画に乗りだし、ちょうどドイツに勝利したときに核兵器が使用可能になった。アメリカは、沖縄における前代未聞の激しい戦闘のあと、日本の二つの大都市にこの核兵器を使った。数十万人の犠牲者が出て、日本は降伏した。そのとき、アルベール・カミュだけが、このとてつもない虐殺の恐るべき歴史的重大さを理解した［カミュは、広島に原爆が投下された二日後、『コンバ』紙に、「今まさに機械文明が野蛮の域に達した」と記した］。

核兵器の世界的拡散が冷戦のエスカレーションの結果として生じた。

その後、紛争のエスカレーションは二つの惨劇を引き起こした。アルジェリア戦争とユーゴスラビア戦争である。

アルジェリア戦争を引き起こしたのはアルジェリア独立に対するフランスの歴史的拒否である。フランスは人民戦線時代にも、そしてドイツに勝利したあとも、アルジェリアの独立への希求を拒否した。この独立への希求は当初、フェルハッ卜・アッバス率いる穏健派やメッサリ・ハジとその運動の、穏健な独立運動として表明されていた。この運動は絶えず解体・再構成を繰り返し、最後にMNA（アルジェリア民族運動）となった。この運動が源流となって、一九五四年メッサリ派の分派の形成したCRUA（統一と行動のための革命委員会）の蜂起が起きた。そしてこの蜂起が、やがてFLN（民族解放戦線）の形成につながった。しかしメッサリ・ハジがMNAをFLNに組み込むことを拒否したために、独立主義者のあいだで内戦が始まった。この内戦の結果、アルジェリア、ついでフランスのメッサリ派の構成員が肉体的に抹殺された。この内戦のエスカレーションによってFLNの全体主義的傾向が強化された。FLNはアルジェリア人民の唯一の代表であることを要求しただけでなく、アルジェリアの最も傑出した指導者のひとりであったアバーヌ・ランダーヌの暗殺など、内部の不一致を暴力によって解決するようになったのである。

こうしたさまざまな矛盾を孕む二年間にわたる戦争のあと、フランスでは一九五六年の総選挙によって社会党員ギー・モレが政権の座につき、FLNとの交渉に好都合な雰囲気が生まれた。しかしギー・モレと彼のアルジェリア特使ロベール・ラコストは、〈ピエノワール〉［アルジェリ生まれのフランス人］や軍部の反発を恐れて、逆に戦争を激化させる。

これはFLN側からの無差別襲撃や殺害をもたらし、それはメッサリ派のアルジェリア人にも及んだ（とくに一九五七年におけるメルーザ［村］の虐殺［村民数百人が一夜のうちに殺された事件］まで続いた）。もちろんそれと平行してフランス軍による死刑執行や容赦のない拷問が続き、なかでも一九五七年の〈アルジェの戦い〉における恐るべき襲撃がよく知られている。

戦争のエスカレーションは一九五八年フランスの将官たちによる〝クーデター〟を引き起こした。第四共和制が終焉し、ド・ゴールが権力の座についた。しかしド・ゴールがFLNとの交渉にとりかかるとすぐ、ド・ゴール体制を転覆させてフランスに軍事独裁政権を樹立しようとする第二の〝クーデター〟が勃発した。

ド・ゴールの機転で〝クーデター〟は失敗に帰したが、その副産物としてＯＡＳ［フランスの極右民族主義者の武装地下組織］がフランス国内で襲撃活動を行ない始めた。そしてそれに続いて、ル・ペンの極右党が無気味な姿を見せ始めた。フランスにとっての重要な問題は、フランコ［スペイン］やピノチェト［チリ］のような独裁体制を回避することだった。

アルジェリアにおける戦争のエスカレーションの影響は悲劇的であった。アルジェリアでは半－全体主義的な独裁体制が確立されたが、その体制が弱体化するとイスラム主義者が選挙で勝利し、ＦＬＮがそれを無効にすると、今度はＦＩＳ（イスラム救国戦線）によるイスラム主義者の蜂起が起こり、すさまじい内戦が勃発して、その結果ＦＬＮの独裁が復活したのである。

二つの世界大戦と同じくらい長く続いたユーゴスラビア戦争（一九九一～一九九五）は、その仲間同士の殺しあいという性格において悲劇的な戦争であった。

とくに隣人、友人、親類縁者を敵対させ、セルビアとクロアチアの超ナショナリズムに火をつけ、ボスニアのイスラム教徒の宗教的回帰をもたらした。憎しみと殺戮が引き起こした災禍は、アメリカの介入による和平のあとも残り続け、今なお払拭されていない。

ユーゴスラビアは、長年にわたる歴史的宿命によって分離されてきた、同じ起源と同じ言語を有するスラブ民族を結集した国であった。
[1] 東方正教会のセルビアは自治を獲得する（一八三〇年）までオスマントルコに支配され一八七八年に独立した。
[2] カトリックのクロアチアは第一次世界大戦の終わりまでオーストリア帝国の支配下にあった。
[3] スラブ人の一部がオスマン帝国下でイスラム教に改宗したボスニア－ヘルツェゴビナは、オーストリアに征服され一九〇八年に併合された。ここはさまざまな宗教の混在するところで、多数派を占めるイスラム教徒はチトー体制の下

で非宗教化した。

第一次世界大戦後に形成されたユーゴスラビアは、セルビア王国の統治下に置かれることになる。

ユーゴスラビアがドイツ占領下で解体され、その後チトーの共産党を後ろ盾にして再構成された話は省略する。チトー後のユーゴスラビアは原則的には連邦制であったが、スロベニアが分離独立を獲得し、クロアチアが分離独立を拒否されたことによって、分断されることになる。セルビアの統制するユーゴスラビア軍がヴコヴァル［クロアチアの都市］を包囲・破壊し、一九九一年に戦争が勃発する。ボスニアは一九九二年に独立宣言を発するが、セルビア軍が侵略を始める。以後、ボスニアの首都サラエボは四年間にわたって攻囲される。

ヨーロッパ連合はこの戦争を妨げるかやめさせることができたし、やめさせなければならなかった。しかしドイツは密かにクロアチアを支援し、フランスはセルビアを支援した――セルビアは一九一四～一九一八年の戦争でフランスの同盟国であった。同じ言語、同じサッカーチームを有し、宗派の異なる者どうしの多くの結婚が行なわれた、このひとつの国が、四年のあいだ完全に引き裂かれたのである。憎しみの爆発が大規模な殺戮や追放を引き起こした。最も耐え難い殺戮は、セルビアのムラディッチ将軍が七千人の市民を殺害したスレブレニツァの殺戮であった。

和平が成立してからも、セルビア、クロアチア、スロベニア、ボスニア（ボスニアはイスラム教徒のボスニアとセルビア人のボスニアに分割された）それぞれの新国家のあいだでは敵対関係が解消されず、コミュニケーションも不可能な状態が続いた。この戦争が早い時期に停止されていたなら、これほどの歴史的災禍は起きなかったことは明らかである。

もうひとつ、イスラエルとパレスチナの紛争も思い起こさないわけにはいかない。この紛争がアラブの土地へのシオニストの植民地主義的侵入と展開から始まったことは明らかである。やがて、国連によるパレスチナの分割とイスラエル国家の樹立のあと、アラブ諸国家の連合体がこの新国家を排除しようと試みて戦争になり、最終的にイスラエルが勝利した。

六日戦争の勝利によってイスラエルはパレスチナ全域を占領した。これは〈インティファーダ〉つまりパレスチナ人の蜂起と、それに伴う弾圧を引き起こした。イスラエル・パレスチナ紛争は、その極度のエスカレーションにもかかわらず、クリントン大統領がラビンとアラファトをワシントンに呼んで握手させ、アメリカの圧力で解決の道を見いだそうとした。一九九三年に成立したオスロ合意は、五年をかけてパレスチナ国家を形成することを想定していた。しかし一九九五年、イスラエルのファナティシストによるラビンの暗殺のあと、イスラエルによるヨルダン川西岸地域の植民地化が進み、パレスチナ人への弾圧が強化され、パレスチナによる反逆と攻撃も増加する。その後、アラブ諸国家はパレスチナの大義を放棄し、ヨルダン川西岸地域は全面的にイスラエルに組み込まれることになる。

こうしてパレスチナ人の独立への望みはいっさい断たれることになった。

しかしながら、解決策は二つあった。ひとつは、民主的一国家の樹立という案であるが、これはイスラエルのユダヤ人国家宣言によって排除された。もうひとつは、平和的共存をめざす二国家解決案であるが、これも排除されつつある。

振り返ってみると、一九四八年から二〇二二年にかけて、七十年にわたる紛争のエスカレーションのなかで、イスラエルは超国家主義的植民地主義国家となり、パレスチナ人の一部をレバノンやヨルダンの難民キャンプに追いやり、ヨルダン川西岸地域のパレスチナ人を植民地化された人間として扱っている。そうしたなかでヨルダン川西岸地域の政府は占領国家イスラエルに協力しているのである。

こうした事例は、私がなぜ戦争のエスカレーションを危惧するのかを裏づけるものである。戦争のエスカレーションは、ただでさえ傷ついている地球に甚大な影響を及ぼすだけでなく、新たな世界戦争を引き起こしかねないのである。

ウクライナ戦争においてもエスカレーションは日増しに深刻化している。抵抗する被侵略者に対する侵略者の憎しみ、侵略者に対する被侵略者の憎しみ、この二つの憎しみの爆発が大ロシアナショナリズムをかき立て、プーチンの専制政治を激化させ、ウクライナではウクライナ人のあいだで分有されていたロシア語、なかんずくすべてのロシア文化の拒絶が始まった。

プーチンは二〇二二年九月、この戦争を西洋に対する戦争であると再定義し、ゼレンスキーはプーチンとの交渉の絶対的拒否を宣言した。他方、アメリカはウクライナ解放をめざすだけでなく、ロシアを長期的に弱体化させることをめざしている。

フランスのメディアは、ロシアが大ロシアを再構築しようとしているとして、ロシアだけを帝国主義呼ばわりしている。メディアは、ウクライナにおけるロシアと同じように、しばしば国際協定に違反しながら地球全体に展開するもうひとつの帝国主義［アメリカ］については押し黙っている。

7　予想外の出来事の衝撃

前世紀から今世紀の現在までを再考してみると、およそすべての大きな出来事は予想外のものであったと私には思われる。

第一次世界大戦は、狂信的セルビア主義者がサラエボでオーストリア皇太子を狙撃・暗殺したのがきっかけで始まった。次いで一九一七年十月、ツァーリ体制のロシアでボリシェヴィキ党が革命によって権力を獲得し、一九二二年イタリアでファシズムが確立する。その後一九二九年、世界的経済危機が勃発、くわえて未来なき国と思われていたドイツで、ある極端な党［ナチス］が合法的に権力の座についた。このドイツにおけるナチスの勝利、不可能とされていた経済的立て直しの成功、全体主義的国家社会主義体制の創設、という一連の事態を予見した政治学者はひとりもいなかった。

一九三六年にスペイン戦争を引き起こした軍事クーデターは予想外の出来事であった。さらに一九三五年から三六年にかけてソビエト革命のほとんどすべての指導者を裏切り者やスパイとして断罪したモスクワ裁判も信じがたい出来事であった。ムッソリーニやヒトラーやスターリンを前代未聞の仕方で熱狂的に崇拝する民衆の出現も常軌を逸した出来事であった。

不倶戴天の敵同士であったはずのドイツとソ連が一九三九年に独ソ不可侵条約を結んだことは信じがたい出来事であった。さらにスターリンにとって、友好条約を結んだヒトラーがソ連を侵略するなどということは想像しがたいことであっただろう。

この頃、フランスが、ベルギーとアルデンヌ［ベルギー、ルクセンブルク、フランスにまたがる地域］経由で突然ドイツに占領されている。これはフランス軍トップのガムラン将軍の誤った判断が原因で、これによってフランス軍は潰走し、第三共和制が崩壊して反動的なヴィシー体制が成立する。こうした出来事は、ドイツがフランスに攻撃を仕掛けた一九四〇年五月十日以前には、およそ考えられないことであった。ドイツによるヨーロッパ支配が持続し、ソ連におけるドイツの勝利がありうると思われた一九四一年、二つの予想外の出来事がほとんど同時に起きて、それまでの予測を覆した。ひとつは、十二月初めにジューコフ司令官による攻勢が始まり、敗北し続けていたソ連がはじめて勝利し、包囲されていたモスクワを解放したという出来事。もうひとつは、日本がパールハーバーを急襲し、アメリカを戦争に引き込んだという出来事。

スターリングラードの戦い（一九四三年）と連合国軍のノルマンディー上陸（一九四四年六月）のあと、ドイツ軍の潰走は日増しに現実のものとなっていたが、フォン・シュタウフェンベルクによるヒトラー襲撃の失敗（一九四四年七月）やフォン・ルントシュテットのアルデンヌ攻勢（一九四四年〜四五年の冬）［バルジの戦い」といった思わざる突発的事態によって、ドイツの敗北は引き延ばされた。

一九四五年、原子爆弾が広島と長崎に投下され、この二都市を壊滅させたが、これも予想外の出来事であった。

ソ連がナチスから解放した諸国をスターリニズムの専制下においたことから、冷戦は予見可能であったが、ベルリン封鎖（一九四八～一九四九）や、（私がニューヨークの病院のベッドで知った）ソ連によるキューバへの核ミサイル基地建設問題（一九六二年十月）などは予想外のことであった。

一九五六年にスターリンの犯罪を告発した〈フルシチョフ報告〉も予見できなかった。さらに同年六月のポーランドの蜂起、ハンガリー革命［ハンガリー動乱］と、フルシチョフによるその苛烈な弾圧といったことも予見できなかった。

一九八九年のゴルバチョフによるソ連の自由化、そしてその経済的失敗とソ連の崩壊も思いがけない出来事であった。

予想外の出来事のリストをもう少し見てみよう。アフガニスタンに侵攻したソ連に対抗するイスラムテロリスト集団アルカイダを、アメリカが支援したこともそうだ。そしてこのアルカイダが二〇〇一年、アメリカ本土に歴史上かつてない攻撃を仕掛けて成功したこと——世界貿易センターのツインビルの破壊——も、このリストに加えなくてはならない。それに続いて、カリフ制復活を唱えるイスラム教徒の世界的展開が予期せぬ多くの攻撃——二〇一六年のフランスのニースにおける虐殺を特筆しておこう——を行なった。

技術‐経済主義の猛威が地球に及ぼす影響について、一九七二年、〈デニス・メドウズ報告〉［「成長の限界」を指摘したローマクラブの報告］が生命圏の劣化を告知したことも、このリストに忘れずに加えておかねばならない。エコロジー的惨事が世界的に起きていることについての意識は長いあいだ抑圧されてきた。二〇二二年夏、それは気候変動に対する警告によって、ようやく少し覚醒したところだ。

そして二〇二一年、新型コロナウイルスによるパンデミックが仰天するような事態を引き起こした。このパンデミックはまた、人類全体にとって予想外の政治的‐経済的‐存在的な危機をもたらしている。

この八十年間という長い期間に、私が〈行為のエコロジー〉と呼ぶものが作動していることを確かめることができた。すなわち、すべての行為は相互作用と遡及作用が絡まりあって作動し、これが行為の方向を変化させ、さらにはその行為を逆転させ、それを行為主体の頭の上に落下させる、ということである。

これらの年月のあいだに、いかに多くの決定が逆に決定者に向かって降りかかったことか。スペイン内戦への不干渉を決めたフランスの決定、ミュンヘン協定、一九三九年の「ドイツに対するイギリスとフランスの」宣戦布告、ヒトラーのソ連への侵攻という選択（これが敗北と自滅への引き金になった）。そしてゴルバチョフのペレストロイカがソ連解体への道を開き、それがウラジミール・プーチンのウクライナへの侵攻という決定を導いたのである。

8　誤りと錯覚

誤りと錯覚が統治者と被統治者のなかに根を下ろすことは頻繁に起きる。一九三〇年から一九四〇年までの十年間は集合的夢遊病にかかった年月であった。フランスが占領されるなどと、また第二次世界大戦が起きるなどと、誰も信じなかった。

消費社会をもたらした経済的発展の〈栄光の三十年間〉の時期、われわれの文明の基盤そのものが危うくなり、技術－経済的発展が倫理－政治的後進性に通じるばかりか、巨大な地球的危機に通じることになろうなどとは考えられなかった。

一九七〇年にすでにエコロジー科学のパイオニアたちによって発見されていた

人類を含む生物圏の劣化は、無視と隠蔽の対象になっていた。半世紀にわたって抑止されたエコロジー的意識は、いまもって不十分な水準にとどまっている。

新自由主義が持続的経済成長を生み出すという政治学者や経済学者の確信は錯覚であったことが明らかになった。巨大で多次元的な地球危機を引き起こしたこのたびのパンデミックは、機械論的、単線的で、諸現象の複雑性を思い描くことができない思考が君臨しているかぎり、理解することができないだろう。

われわれは知識が支配する社会に行き着いたと喜んでいるが、知の獲得に合致した手段を有していると信じ込んでいるがゆえに、なおいっそう無知のなかに沈みこんでいるのである。

われわれの知は、人類の死滅の脅威を抱え込んだ新たな時代が一九四五年に始まったことを知らない。そしてその脅威は、核兵器の激増、その高度化、その使用可能性によって絶えず増大している。核兵器の使用可能性は、ウクライナ戦争のエスカレーションがこのまま続けば、いっそう現実味を帯びてくるだろう。

われわれは〈地球人〉としての意識に到達できないまま人類の危機に直面している。しかし、この人類はいまもって、大きな問題全体を見ることをせず、せいぜい問題の断片しか見ようとしていない。

ロシアによるウクライナ侵攻が勃発したのは、こうした憂慮すべき状況のなかにおいてであった。この戦争では、第二次世界大戦を含むこれまでの戦争が有していた戦争の惨禍や犯罪が再生産されているだけではない。また、予想外のこと、予見不可能なこと、誤り、錯覚などについての自覚が不在なだけではない――こうした自覚の不在によって、われわれは歴史の無意識的機能に翻弄されることになるのだ（このことをとくに心しなくてはならない）。のみならず、この戦争においては、新たな脅威、新たな誤り、新たな錯覚、新たな突発的事態、新たな予想外のことも起きていることに注意しなくてはならない。

私は自分が経験的に知っている諸戦争についてこれまで述べてきたが、私が何を言いたいかをこれで理解してもらえるだろう。戦闘に加わった者の性質によって大なり小なり違いはあるだろうが、いかなる戦争も犯罪を包含している。戦争は、善悪二元論、一方的プロパガンダ、好戦的狂乱、スパイ恐怖症、虚言、殺傷効果の高い武器の準備、誤りと錯覚、予想外のこと、突発的事態といったものを、必ず内に孕んでいる。こうした角度から、現在起きている戦争を考察しなくてはならない。ウクライナ戦争は、これまで決然たる態度で敵対する者同士のあいだで行なわれたすべての戦争と同じロジックで遂行されていると考えなくてはならない。

次章以降では、この戦争に関わる具体的状況について考えていこう。われわれは、単純なこと――ロシアによるウクライナ侵攻、西洋民主主義とロシア専制主義との対立――と、複雑なこと――歴史的ならびに地政学的コンテクスト――の両方を考慮に入れなくてはならない。

9 諸状況を関連づけなくてはならない

この戦争を考えるとき、侵略者と被侵略者を分離してはならない。ロシアとウクライナを分離してはならない。以前の戦争から分離してはならない。歴史的・地政学的なコンテクストから分離してはならない。ましてや、アメリカとロシアの関係から分離してはならない。

アメリカはその誕生以来、民主主義的強国である。ロシアはモスクワ中心の専制的強国であったが、ゴルバチョフの登場で一時趣きが変わった。そしてプーチン支配の初期には、ある程度自由の空気が流れていたが、それが次第に失われて、ついには元の木阿弥になった。

歴史を複眼的に見ると、アメリカとロシアはともに植民地化を行なってきた歴史を有している。ポルトガル、スペイン、イギリス、フランス、オランダなどが行なったような遠隔地の植民地化ではなく、自らの領土の延長としての植民地化である。アメリカは西に延長していき、ロシアは東に延長していった。ロシアはつねに東に向かい、タタール、コーカサス地域を領有し、さらにシベリア全域に至り、粗野な植民地主義によってシベリアの住民を支配下に置いた。

アメリカは〈西に向かって〉驀進しながら大陸先住民の土地を奪い、カリフォルニアのようなスペインの植民地を征服した。アメリカはさらにスペインから、フィリピン、プエルトリコ、グアムなどを奪い取り、キューバを支配下に置いた。

民主主義を標榜するアメリカは原住民を殺戮し、生き残った民族的少数者を〝保護区〟に閉じ込めた。さらに一八六五年（南北戦争終結）まで黒人を大量に奴隷化した。アメリカは、いまなおアフリカ系アメリカ人を社会的劣位の状態に置き、暴力、殺戮、ゲットー化、軽蔑の対象とし続けている。しかしながら、ことは複雑であり、民主主義を標榜するアメリカは市民的自由を保障する模範的憲法を有し、二度にわたってヨーロッパを解放することに貢献した。そしてソ連の領土拡張を抑止するのに成功し、北朝鮮や中国のコミュニズムの拡張をも阻止した。これと同じ手法でアメリカは、グアテマラ、チリ、アルゼンチンなどでもクーデターに関与し、独裁体制の側に立って、ラテンアメリカ諸国の経済的隷属と政治的服従を推進した。さらに付け加えると、アメリカ軍はベトナムを荒らしまくり、核兵器を所有しているという嘘の口実でイラクを侵略し、二度にわたって国際法を踏みにじった。

もう一方のロシアについて言うと、帝政ロシアの専制体制は一八六一年まで国内の農奴制を維持したが、征服したシベリアの原住民を虐殺したり奴隷化したりはしなかった。けれども、ロシアでは民主主義も市民的自由も実現されなかった。

ソ連体制は、ポーランド、チェコスロバキア、ルーマニア、ブルガリアなどを強い影響下に置いて保護国としただけでなく、世界のあちこちに政治的‐軍事的基地を置き、アメリカのすぐ近くのキューバにも影響力を有し、ベトナムや中国と友好関係を保っている——中国とは数十年間中断があったが。

ゴルバチョフ時代になって、東ヨーロッパやバルト諸国が解放される（一九九一年）。そして独立したロシア国家を復活させようとしたエリツィンの時代に、ソ連帝国はほぼ全面的に分解し、ウクライナ、ベラルーシ、アルメニア、アゼルバイジャン、ジョージア、カザフスタン、タジキスタン、トルクメニスタン、ウズベキスタン、キルギスが解放される。

ソ連が消滅したにもかかわらず、ロシアは再び帝国主義強国になり、多くの国々に政治的、経済的、さらには軍事的な基地を有している。一方アメリカは地球の全域にわたって基地を有し、西洋諸国全体、アジアやアフリカの諸国を直接的あるいは間接的にコントロールしている。アメリカは世界的に技術的・経済的優位を保ち続けている。しかし現在、中国がこのアメリカの優位を脅かし、ロシアが力を回復しつつある。

10　米ロ関係の弁証法

ミハイル・ゴルバチョフ——すべての人間の「共通の家」としての地球という大義名分を掲げて冷戦を終わらせた人類の英雄——は、自らが責任を負っていた全体主義システムを断ち切った。しかし彼は経済政策で失敗し、エリツィンによるソ連の解体に道を開いた。ゴルバチョフはドイツの再統合を受け入れるとき、アメリカはＮＡＴＯを拡張しないという約束をブッシュ大統領から得ていたのだが、それは口約束にすぎなかった。
事実はどう推移したかと言えば、互いに脅威を感じていたこの両大国は、一九九〇年代に入って、出口なき弁証法に巻き込まれていく。敵対関係を回避し協力関係をつくりだすべき機会をアメリカが退ける。いくらかの期間、敵対関係は休止したものの、ロシアに対するアメリカのこの強硬姿勢は、アメリカ国内でもキッシンジャーやケナンから強く批判された［ジョージ・ケナンはもともと冷戦の推進者であったが、NATOの東方拡大はロシアを刺激して状況を不安定化するとしてアメリカの政策を批判した］。

一方で、ロシアがコーカサスの領土を維持し続けるために行なった二度にわたる激しいチェチェン戦争(3)は、旧人民民主主義諸国（ポーランド、ハンガリー、チェコ）に不安を抱かせ、これらの国々をNATO加盟へと押し向けた。ロシアに向かってのNATOの拡大や、アフガニスタン戦争のとき建設されたアラスカやシベリアのアメリカ軍基地を、ロシア当局は脅威と見なし、〈ロシア包囲網〉と受けとめた。

二〇〇八年のロシアによるジョージアへの武力介入(4)は、すでにウクライナの未来に暗雲を投げかけるものであった。

他方で、一九九九年のコソボ戦争のとき、ロシアの友好国であったコソボの隣国セルビアへのアメリカ軍による空爆は、アメリカに対するロシアの不安と警戒心を増大させた。

二〇〇三年のアメリカによるイラクへの〈予防攻撃〉は、ロシアによるウクライナ侵攻と同様に国際法違反であり、プーチンはこのときアメリカを強く批判した。それに続いて、ロシアはシリアに激しい軍事介入を行なって、独裁者アサドを救うとともに、アサドの圧制に抵抗する勢力を粉砕し、イスラム国家を無力化して、中東をアメリカとロシアの対抗関係のなかに再び引きずりこんだ。

（3）エリツィンの後継者プーチンは、一九九九年から二〇〇九年まで戦争を続けることをためらわなかった。プーチンは（モスクワにおけるチェチェン人による攻撃に激怒して）、蜂起したチェチェンに対して血腥い弾圧を行ない、チェチェンをロシア連邦の自治共和国としてロシアのなかに組み入れた。
（4）コーカサス全域を掌握できなかったロシアは、二〇〇八年ジョージアを攻撃し、南部のオセチアとアブハジアをもぎ取るが、ジョージア全体を占領することはできなかった。しかしロシアは、コーカサス全体をコントロールするのに十分の基地を有している。キリスト教アルメニアとイスラム教アゼルバイジャンとのあいだの絶え間ない紛争も、ロシアのコントロール下にある。

ロシアの西側に目をやると、一九九七年にロシアとベラルーシの連合がつくられたが、統合は行なわれず、ベラルーシは親ロシアの立場を維持し続けた。ベラルーシでは、二〇二〇年から二〇二一年にかけて大規模な反政府デモが起きたが、政府はこれを容赦なく弾圧した。

前世紀の終わりから今世紀に入ってからの二十年間、ウクライナの立場はたえずゆらぎ不安定であった。選挙結果は西側に傾いたり、親ロシアに傾いたりした。ウクライナは、その地政学的位置と経済的重要性によって、ロシアにとって重要な拠点であるとともに敵から身を守る盾でもあった。それはアメリカにとっても同様で、アメリカにとってウクライナは敵の脇腹への攻撃の拠点であった。

こうした状況のなかで、マイダン革命という親欧米革命が勃発し、これがただちにドンバス地方の親ロシア地域の分離、ロシアによるクリミアの併合という事態を引き起こし、同時に、ウクライナ東部の分離地域とウクライナ権力とのあいだで内戦が恒常化するという状況を生み出したのである。

11　なぜウクライナなのか

ウクライナはロシアと起源を同じくする民族であるが、歴史的にポーランドとオーストリア帝国に分断され、その後大部分がロシア帝国に組み込まれた。ウクライナはロシア語と似通った固有の言語を有し、ロシアに支配された他の民族と同じく、十九世紀に知識階層が主導する独立運動の流れがつくられた。

一九一七年の十月革命に引き続く戦争と混乱のあいだ、ウクライナはアナキスト、マフノ［ネストル・マフノ（一八八八〜一九三四）］の領導のもとに独立を宣言したが、ボリシェヴィキに制圧されソ連に組み込まれた。

ソ連はウクライナの言語と民族文化を許容したが、自治の願望は抑圧した。ウクライナの肥沃な土地は強制的にコルホーズ化の対象となり、多くの富農（クラーク）が追放され、一九三一年には大飢饉に見舞われた。このためロシアに対する大きな怨恨が生まれた。ドイツ軍がキエフにやって来たとき、住民の一部がこれを拍手で迎えた映像をナチスが撮影しているが、そこにはこういった経緯が存在したのである。

しかし深刻な問題は、ドイツに亡命したウクライナの独立運動が、ステパーン・バンデーラの指導下にナチス権力と結びつき、ドイツ軍がウクライナに侵攻し占領したときドイツ軍に協力したことであった。ウクライナの独立運動はナチスに従属する行政機関を構成し、占領軍の権力濫用に与し、ユダヤ人の虐殺などにも関与した。ワシーリー・グロスマン［ウクライナ生まれのソ連の作家］はウクライナがナチスから解放されたとき、自分の母親がウクライナ人の手で殺されたことを知り、苦しみに苛《さいな》まれたことを告白している。セルジュ・クラルスフェルト［ナチスの犯罪を追及したことで知られるフランスの歴史学者・弁護士］が伝えているように、一九四一年のキエフの街路には、ナチスに協力したバンデーラの率いるウクライナのナショナリストの、次のようなスローガンが掲示されていた。「われわれの敵はロシアであり、ポーランドであり、ユダヤ野郎である」。バンデーラは一九四一年、ドイツ軍占領下で、〈独立ウクライナ共和国〉の樹立を宣言する。UPA（ウクライナ蜂起軍）のなかにウクライナ人の兵士が組み込まれ、戦後も［ロシアの］赤軍と戦い続けるが、一九五四年に壊滅する。これとは逆に、ドイツの占領軍に抗してパルチザン活動を行なったウクライナ人がたくさんいたことも言っておかねばならない。

かくして、二〇二二年にウクライナのために参戦した外人志願兵には、二種類の型があることがわかる。ひとつは、民主主義的理念によって鼓舞された者、もうひとつは、ファシスト的理念によって鼓舞された者である。

ウクライナはソ連の解体に伴って一九九一年から独立している。ウクライナはきわめて豊かな穀倉地帯であり、鉱物資源や工業資源にも恵まれている。ロシアは十九世紀からこの地を工業化した。二十世紀に入って、ソ連はドンバス地方に重工業や原子力発電所を据え付け、この地方にロシアからの労働者、流刑者、技術者が住み着いた。独立国家ウクライナはこのロシアの遺産の恩恵を受け、技術－経済的発展を追求し続けた。

ロシアがウクライナを占有しようという意志につき動かされた侵略者であり、その行動が人間や財産や建物を破壊するものであることはたしかである。他方、アメリカが、マイダン革命以降、ウクライナ政治の黒幕として経済のなかに浸透し、ウクライナの情報・諜報システムにとって不可欠の貴重な支援を提供してきたこともたしかである。

ウクライナは、ロシアに隣接するというその地政学的位置と経済的継承財産のために、スラブ帝国を再建しようという夢を持ち続けているプーチンのロシアにとって重要な標的であるが、ＮＡＴＯの基地をロシア国境にまで設置しようとするアメリカにとっても、同様に重要な標的である。実際上、ウクライナは二つの帝国主義的思惑がぶつかりあう地点なのである。一方は、スラブ世界への支配力を維持し、アメリカの影響下にある隣接国家から身を守ろうとし、他方は、このウクライナを欧米世界のなかに統合し、ロシアから世界的超大国としての位置を奪い取ろうとしている。アメリカはウクライナを媒介として利用することによってロシアを持続的に弱体化させ、地球規模のヘゲモニーの維持にとって障害となるもののひとつ――もうひとつは言うまでもなく中国である――を除去しようとしているのである。

独立国家ウクライナはおおいに変化した。ウクライナは都市化が進み生活習慣は欧米化した。民衆の反ユダヤ主義は弱まったが、これはおそらく反ロシア主義のためであろう。
ウクライナの国家社会主義者は少数派である。バンデーラ主義はたしかに高揚したが、それは人々がロシアからの独立を求めたためであり、ドイツの占領を助けたバンデーラ主義を支持してのことではない。

ロシアと同様ウクライナでも、経済の全般的非国有化は少数の支配的権力者（オリガルヒ）に利益をもたらし、汚職が蔓延した。

ウクライナでは、独立してから親ロシア政権と親欧米政権の政権交替が繰り返された。二〇〇四年、〈オレンジ革命〉で、親欧米大統領が誕生する。その後、不正選挙が続くなかで、二〇一〇年、親ロシア大統領が誕生し、二〇一三年にEU（ヨーロッパ連合）との連合協定を見送る。

親ロシア大統領と親欧米大統領が相次いで登場した背景には、西洋的民主主義とロシア専制主義とのあいだで大きな紛争があっただけではなく、アメリカ帝国主義とロシア帝国主義の大きな紛争が控えていた。

二〇一四年、キエフのマイダン広場における親欧米民主主義革命が、親ロシアのヴィクトル・ヤヌコーヴィチ大統領を打倒し、ロシアによる支配からの離脱傾向が強まる。しかしこれは、ドンバス地方のロシア語を日常語とする地域の分離とロシアによるクリミアの併合を引き起こす。二〇一五年、西ヨーロッパの主要国を後ろ盾にして、ロシアとウクライナとのあいだでミンスク協定［ウクライナ東部における停戦合意］が成立するが、それでもウクライナ軍とロシアに支援された分離勢力との戦争を終わらせることはできなかった。ミンスク協定はウクライナによってもロシアによっても守られず、戦争はドンバス地方の前線で続き、二〇二二年までに一万四千人の死者がでた。この持続的戦争は紛れもない悪性の膿瘍となり病毒を拡散した。

したがって、私が二〇一四年に書いた論説で告知したように、すべての状況が爆発に行き着くことは予見可能であった。

二〇一九年五月、ユダヤ系の出自が知られていたにもかかわらず、政党嫌いのウォロディミル・ゼレンスキーがウクライナの大統領に就任する。それはゼレンスキーのコメディアンとしての大衆性だけによるものではなく、彼の政党嫌いと反汚職計画にもよるものであった。

マイダン革命は民主主義の覚醒ではあったが、バンデーラ主義の高揚でもあった。先に言及したセルジュ・クラルスフェルトが次のように述べている。少し長いが引用しておこう。

二〇一四年の革命後、キエフ市が最初に講じた措置は、バビ・ヤールに通じる長い大通りの名称を変えることだった。この大通りはそれまでモスクワ大通りという名前だったが、これがバンデーラ大通りと変えられたのである。バンデーラはよく知られているように、一九四一年九月二九〜三十日、バビ・ヤール峡谷で、三万人以上のユダヤ人（男、女、子ども）を殺害したナチスに、自分の信奉者たちとともに協力した人物である。それはちょうど、ドイツ軍がアインザッツグルッペン［ドイツ保安警察の敵性分子銃殺部隊］を引き連れてキエフ市に入城したときだった。
キエフ地区の行政裁判所は、市の二つの大通りの名前を、ステファーン・バンデーラとロマン・シュヘーヴィチを顕揚するような名前に変えることをやめるように命じた。ロマン・シュヘーヴィチもユダヤ人を殺害した張本人であるが、大都市テルノピリのスタジアムには彼の名前がついているという人物である。しかしキエフ市長のヴィタリ・クリチコはこの命令取り消しの訴えを起こし、控訴院がこれを認めたのである。リヴィウでは、つい二年前、市当局の認めた催しのときに、数百人の男がＳＳ〔ナチス親衛隊〕に協力したウクライナ人の制服を着て行進した。この数年、少なくともウクライナの三つの都市で、バンデーラの片腕であったヤロスラフ・ステツコ――彼はホロコーストの時代、ナチスの〈ユダヤ人絶滅〉に同意していた人物である――の彫像の除幕式が行なわれた。(5)

(5) Arno Klarsfeld, « L'Ukraine ne doit plus glorifier les nationalistes qui ont collaboré », *Le Point*, 11 septembre 2022.

加えて言うなら、ウクライナ国家社会主義者の行動的少数派の存在も無視できない。この潮流に属するアゾフ連隊が、ドンバスの内戦、次いでマリウポリのアゾフスタリ製鉄所の防衛戦で突出した働きをしたのである。

ウクライナ権力はあらゆる手段に訴え、ロシアを不倶戴天の敵と見なす部隊を利用しているが、彼らと一体化しているわけではないし、一体化することもできないだろう。

ウクライナ権力がバンデーラ主義に好意的であることも指摘しておこう。彼らの反ロシア超国家主義的ヒステリーは、ロシアの言語、文学、音楽までも禁止した。こうした敵国の民衆文化への憎しみは、戦争時のドイツにも見られた戦争ヒステリーの特徴のひとつであることを銘記しよう。

ウクライナは二つの超大国のあいだで地政学的・経済的な獲物になっている。それはこの国の豊かな資源のためである。とくにドンバス地方の鉱物・工業資源、そしてソ連時代に建設された巨大な原子力発電所に体現されるエネルギー供給施設もからんでいる。

ウクライナは二〇一四年から再軍備に取りかかった。アメリカから技術支援や情報支援を受けるだけでなく、兵器配備や兵士訓練もアメリカに頼ってきた。アメリカのウクライナへの影響力は増大し続けている。それは補助金や武器の供給だけでなく、情報・諜報機関のコントロールや経済的主導権の掌握、とくにチェルノーゼム［ウクライナからシベリアに広がる黒土地帯］の肥沃な土地の一部の掌握にまで及んでいる。アメリカの支配は経済的・軍事的援助によって増大している。それは、ウクライナの独立を支える強国へのウクライナの依存が強まっていることを意味している。

〈ロシアを持続的に弱体化する〉という明確な目的を有するアメリカの覇権の下で、ゼレンスキー大統領は、当初は紛争解決への唯一の道は外交によるものだと認識していたのだが、しだいに非妥協的になり、唯一の解決への道は〈戦争による勝利〉しかないと思うようになった。

ウクライナの置かれた複雑な立場を考えたら、ウクライナは独立と国家主権を保つべきであることは明らかである。

プーチンは、一コメディアンが国のトップの大統領になったことでウクライナは分裂し弱体化したと考えたのだが、ウクライナの一体性は逆に強固になった。プーチンは、ウクライナはその民族的二元性のために実体的に脆弱であると考えていた。またプーチンは、アメリカはアフガニスタンから撤退したあと、遠く離れた地で新たな軍事介入を目指すことはできないことを知っていた。さらに、バイデン大統領は、戦争が起きた場合、アメリカはウクライナに介入しないと公的に宣言した。この宣言がおそらくプーチンのウクライナ侵攻を後押ししたのだと思われる。はたしてバイデンは、この宣言をしたときに、そのことに気づいていたのだろうか。

要約しよう。プーチンのロシアがこの戦争を引き起こしたことはたしかだとして、それは西側の支援を受けたウクライナとロシアとの対立関係のエスカレーションの果てに起きたのである。プーチンはEUに属する諸国が分裂していると捉え、ヨーロッパ諸国は彼のマッチョ主義から見たら〈女性化〉し弱体化した社会になっていると考えていた。そうであるがゆえに、プーチンは二〇一四年にクリミア半島を併合し自治共和国としてロシアに編入したあと、ウクライナ東部の分離独立した〈共和国〉を武装化させ、二〇二二年に至って攻撃を仕掛けたのである。プーチンはこの攻撃でウクライナの行政権力を壊滅させウクライナ軍を降伏させることができると確信していたのだ。

ウクライナへの侵攻とその野蛮な行為は、北ヨーロッパへもロシアのヘゲモニーが及ぶのではないかという危惧をもたらし、バルト諸国やスウェーデンのNATOへの加盟を促進した。ヨーロッパ委員会［EUの政策執行機関］の委員長のウルズラ・フォン・デア・ライエンはゼレンスキー大統領の求めに応じてウクライナ全面支持を打ち出し、ヨーロッパ諸国による経済的・軍事的援助を発動した。ウクライナの大統領への無条件の支持である。そしてヨーロッパ委員会はロシアに対する制裁決議を可決したのである。

12　戦争突入

ウクライナ戦争には三つの戦争が内包されている。［1］ウクライナ権力と東部の分離主義地域との内戦の継続、［2］ロシアとウクライナの戦争、［3］アメリカの領導する欧米とロシアとの国際化された政治－経済戦争。

はじめて予見したことが現実になった。私は二〇一四年以来、破局的事態が姿を現わしつつあることを察知していた。二〇一九年の終わり頃、ウクライナ国境にロシア軍が集結して攻撃の機会をうかがっていることに、アメリカの情報機関が注意を促した。しかし、この戦争のその後の展開はプーチンにとって予想外であった。また、この戦争の国内的・国際的展開も、すべての人にとって予想外であった。ただ巨大な危険だけを人々は感じ取っていた。

ロシアの侵攻はウクライナに分解過程を引き起こすのではなく、侵略者に対する抵抗運動の統合過程を引き起こした。歴史上よく起きることだが、敵の存在は自民族のアイデンティティを強化する。敵に対する憎しみが民族国家的一体化の接着剤となるのだ。ウクライナ人はロシアによる侵略のおかげで祖国愛をかき立てられ、その一体性は強固になった。また、ロシアの侵略は欧米の分裂を際立たせるのではなく、一時的に分裂を消し去った。

欧米は局地的な軍事作戦を行なうのではなく、国際的な政治 - 経済戦争を発動した。

かくして、ロシア - ウクライナ紛争は、ロシアと欧米との公然たる持続的な敵対になったのである。

プーチンは明らかに、首都へ攻撃を仕掛けることによってウクライナを掌握できると考えた。そうやって傀儡政権をつくるなり、併合するなりできるだろうと思ったのである。プーチンがロシア防衛の論理によって、分離地域へのウクライナによる攻撃に反対していただけなら、ロシア軍の展開はその地域だけに限定されていただろう。ところが、プーチンの目的は最初から明らかに、首都キエフを叩くことによってウクライナ全域を獲得し併合することだった。しかし、これも明らかなことだが、当初の計画が失敗したため、プーチンはドンバス地方と南部の黒海沿岸地域に方向転換したのである。ケルソンは難なく、ムィコラーイウは厳しい戦闘の末に占領し、オデーサを射程に入れた。しかし、ウクライナの反攻がハルキウ地域を解放し、ケルソンを奪還して、ドンバス戦線で領土を奪いかえすという予想外の事態が起きた。

状況は不確定である。しかし、ロシアがウクライナ全域を占領するとか、ウクライナがロシアに侵攻するとかといったことは想定できない。

ロシアに対する制裁がどれほどまでロシアの経済や生活に打撃を与えるのかは

測りがたい。この制裁はロシアにおいて、ある種の活動を麻痺させるだろうが、別の活動を増進さるかもしれない。他方、この制裁は制裁する側のガスや石油を奪い、制裁する側にも経済的制約を強いるという裏面を有している。そしてなによりも、西側にも東側にも依存しているアフリカ諸国や貧しい国々に大きな影響を与えているのである。

私がこの文章を書いている二〇二二年十一月の時点では、冬の前から最中にかけて大規模な軍事展開が行なわれるかどうかはわからない。また、ロシアの新たに動員された徴集兵の戦争への参入がどれほどまでロシア軍を強化するか、欧米の供給する高度な武器の到着がウクライナ軍をどれほどまで強化するか、これもわからない。

戦争のエスカレーションの持続が不安を高めている。〈ノードストリーム〉のガスパイプライン［バルト海の海底をロシアからドイツまで走る海底天然ガスのパイプライン］の破損によるガス漏れ事故（これはロシアに責任があるとは言えない）、セバストポリのロシア艦隊へのドローンによる攻撃、それに対するロシアの報復としてのエネルギー供給施設の破壊、ウクライナ・ポーランド国境の町における奇妙な爆発、激しい言葉のやりとりの増加、敵を犯罪者扱いする言動の増加、戦争ヒステリーの高まりといった現象が、戦争のエスカレーションを体現し、不安を増しているのである。

ウクライナをめぐる国際的戦争の激化は、この国の国境の外まで波及し、ヨーロッパまであふれだし、さらにヨーロッパの外にも波及していくだろうか？


核使用の危険がさまざまに論じられている。そこまではいくまいという判断がおおかたの意見だが、この危険性は排除できない。というのは、世界的状況は悪化の局面に入っているからだ。

新たな世界的危機が口を開けている。原材料や穀類の遮断、食料を含むあらゆる種類の生産物の希少化の進行、インフレなど。そして、民主主義の危機、ネオ権威主義体制と民衆従属社会の拡大が、この世界的危機を促進している。

アメリカによる（広く言えば欧米による）支配の圏域は狭まっている。ロシアと中国がアメリカに対抗して結びついている。アジア、アフリカ、ラテンアメリカは、慎重に中立的立場を取り続けている。

13　和平に向かって

危険が増大し続けているなかで、ヨーロッパをはじめとする最も危険が迫っている諸国において、和平を求める声が高まらないのは驚くべきことである。和平の方途をさぐり推進する意識や意志が、ヨーロッパにおいてほとんど見られないのはまったく不思議なことである。

停戦や交渉について話題にすること自体が、好戦的気運のなかで屈辱的な降伏として弾劾されるような雰囲気が生じている。好戦的な人々が、自分たちの国ではなんとしてでも回避したいと思っている戦争を煽っているのだ。

つい最近、われわれを破滅に導きかねないこの戦争にまつわる無分別、憎悪、嘘といったものを自覚したいくつかの声が上がり始めた。たとえば〈聖エギディオ共同体〉［カトリック系の国際的社会福祉協会］の創設者・代弁者、アンドレア・リッカルディ［イタリアの歴史家・政治学者］の発言である。しかし、こうした声は、ロシアとアメリカの〈最後まで戦う主義者〉（しかし〈最後〉とは何のことを言っているのだろうか？）の大声に掻《か》き消されてしまう。さらに悪いことは、和平の考えそのものが欧米のメディアによって断罪されていることである。メディアは、和平という考え自体を〈プーチン寄り〉とか〈ミュンヘン派〉［ナチスドイツとの弱腰交渉をしたとされるミュンヘン合意の支持者］だとして、つまり降伏論者であるとして断罪しているのだ。そもそも降伏というのは、たとえば一八七一年や一九四〇年のフランス軍のように、完膚なきまでに打ち負かされた軍隊にしかありえない話である。メディアのこうした論調は筋違いもはなはだしいと言わねばならない。現在起きている戦争について言うなら、力関係が比較的拮抗していて、妥協しうる客観的条件が生み出されている。ただし、互いに憎みあっているという主観的条件が、この戦争を強化し悪化させる方向に向かっているということである。

ロシア側について言うと、大ロシアを再建したいというプーチンの野心がいかに強かろうとも、彼は退却することを知っているリアリストでもある。プーチンはすでに、ジョージアでのわずかな獲得で満足して退却したことがある。プーチンはこのたび、キエフの獲得をあきらめて、ドンバスと黒海沿岸の一部に引き下がっている。

ゆえにプーチンをヒトラーやスターリンになぞらえるのは思い過ごしにほかならない。プーチンはたしかにツァーリズム（ロシア帝政）やスターリン体制を引き継いでいるが、ツァーリでもスターリンでもない。プーチンの専制主義は歴代の専制主義を引き継いでいるだけのことである。専制君主と交渉するのは不可能なことであろうか？　欧米はスターリンや毛沢東と交渉したではないか。欧米は習近平とも交渉しているではないか。繰り返し言うが、プーチンはリアリズムでものを考えることができる専制君主である。クーデターでプーチンを排除したら、おそらく平和主義者が権力の座につくことになろうが、その場合、超好戦主義者たちが公然と姿を現わすことになるだろう。極端な扇動者がプーチンに取って代わることも考えられるのである。

和平の条件は明らかである。中立の立場もしくはＥＵへの統合というかたちでウクライナの独立を認めるということである。いずれの場合も、双方からの軍事的保証が必要となる。他方、ドンバスの分離地域は、ウクライナのなかでロシア語を日常語とする住民が抑圧・弾圧されてきたところであり、これはウクライナ主権国家への帰属から外すことにする。そしてこの地域の帰属は、国際的監視の下に行なう国民投票で決めるか、あるいは歴史的にロシアのものとして認知する。ただし、この地域はウクライナにとって経済的重要性が大きなところなので、とくに工業分野に関してウクライナとロシアの共同統治を検討する。クリミアは、もともとスターリン体制下で住民がシベリアに送られたタタール人の半島である。

その一部の人々がクリミアに戻ったが、クリミアはもともとウクライナ人よりもロシア人が多かった。八十四パーセントがロシア人、十二パーセントがタタール人、四パーセントがウクライナ人という人口比率である。論理的に考えれば、クリミアはロシアに帰属するということになる。この地の軍事的未来は交渉で決めるしかない。

ウクライナの被った物質的荒廃は、もちろんロシアを含む国際的援助で修復しなくてはならない。

マリウポリやベルジャンシクさらにはオデーサの港は、ウクライナ領土内における経済自由区域とする。

力が拮抗している敵対者同士なら、こうしたすべては交渉可能である。ただし、和平の必要と緊急性を理解している諸国が両側から声をあげて、双方を交渉の方向に向かわせなくてはならない。

一見抑えがたい憎しみが時間の経過とともに弱まり解消されたという事例が歴

史上見られたことを考えれば、和平は時間がかかっても憎しみの沈静化をもたらすことができるだろう。

事態は切迫している。この戦争は、人類が長いあいだ被ってきた他のすべての大きな危機——エコロジー的危機、経済的危機、文明の危機、思想の危機など——を悪化させる可能性がある。実際、こうしたさまざまな危機がすでに、この戦争から生まれる害悪や深刻な影響によってさらに深化しつつある。たとえば、二〇一七年に、地球上で、八千万人の人間が餓死の危機に見舞われていた。それがコロナパンデミックのあとには二億七千六百万人、現在は三億四千五百万人に上っている。

戦争が悪化すればするほど、和平は困難になるものの、和平の必要は緊急性を増す。

世界大戦を回避しよう。もし世界大戦が起きれば、前回の大戦よりもさらにひどいものになることは間違いないのだ。

訳者あとがき

本書は以下の本の全訳である。Edgar Morin, *De guerre en guerre, De 1914 à l'Ukraine*, éditions de l'aube, 2023.
原題は直訳すれば「戦争から戦争へ——一九一四年からウクライナへ」となるが、内容に鑑みて副題を変更したことをお断りしておきたい。
著者エドガール・モランについては、法政大学出版局から今年四月に刊行された『知識・無知・ミステリー』という拙訳書の「訳者あとがき」を参照していただきたい。「複雑思考」の提唱者として世界にあまねく知られているこの哲学者の真骨頂は、一口で言うなら、ものごと（諸現象）の奥で作動している複合的メカニズムに光をあてるという方法である。この分析手法は本書でも遺憾なく発揮されている。

本書は、自らの戦争体験（とくに第二次世界大戦）を振り返りながら、戦争とは何かを実感的に論じるとともに、今回の「ウクライナ戦争」に帰着した大国による世界支配の生成変化の過程を浮き彫りにする。そしてそうした客観的分析を下地にして、この戦争を終わらせるためのモラン独自の主体的提言を重ねあわせたものであり、「ウクライナ戦争論」として比類のない著作と言えるだろう。この戦争に至る長い歴史を簡略に記述しているために、いくらか精度の低い部分もなくはないが、それを補って余りある首尾一貫した有機的構造を備えている（それゆえスピーディーに読んでいただくために［　］内の訳注は最小限にとどめた）。したがって読者にとって解説は不要であると思われる。訳者としては、本書が十分に自己完結した内容であることに鑑みて、余分な解説を加えることはやめて、「ウクライナ戦争」をめぐって欧米や日本で展開されている報道や世論の現時点における動向のなかで、本書がどのような位置を占めているか、その見取り図だけを簡略に記しておくことにする。

モランによると、これまで世界を変えた大事件の多くは「予想外の出来事」をきっかけとして起こった（たとえば第一次世界大戦の勃発はサラエボにおけるオーストリア皇太子の暗殺がきっかけになったというよく知られている事実、あるいは真珠湾攻撃が日米戦争や第二次世界大戦への日米両国の参戦につながったという事実など）。しかしロシアのウクライナ侵攻は、ソ連解体後のロシアと欧米諸国との関係の推移から考えて、必ずしも予見できないことではなかった。

モランはそうした視点に立って、この戦争の歴史的生成過程を鮮明に描き出している。モランによると、この戦争の淵源は、米ソ対立から米ロ対立への展開を基軸にした第二次世界大戦後の超大国による世界支配の構造にある。とりわけアメリカの支配戦略に注目しなくてはならない。この認識はなにもモラン独自のものではない。たとえば、スイスの情報機関やＮＡＴＯに所属して活動し、多くの国際紛争に具体的に関与した経験を有するジャック・ボーが、著書やブログで語っている基本認識でもある（とくに二〇二二年五月のPostil Magazineによるボーへのインタビューは日本語にも翻訳されていてネット上で読めるので参照されたい）。また、二〇二二年二月二十四日、ロシアがウクライナ侵攻を開始した直後、ネットに自説を公表したフランス在住のイタリア人社会学者マウリツィオ・ラッツァラートは、反戦運動は「プーチン反対！　バイデン反対！」に依拠すべきことを力説している（この論文は「ウクライナ戦争の背景」と題して私が翻訳し『現代思想』二〇二二年六月臨時増刊号に掲載した）。さらに、やはり二〇二二年六月に刊行されたフランスの歴史家エマニュエル・トッドの『第三次世界大戦はもう始まっている』（文春新書）においても、同様の認識が表明されている。トッドは「ウクライナ問題やウクライナ戦争をつくったのはロシアではなく、アメリカやNATOやEUだ」と主張し、ロシアを一方的に悪魔化する西側メディアの反ロシア（反プーチン）の潮流に反旗を翻している。しかしトッドの知名度の高さにもかかわらず、またその立論の正当性にもかかわらず、フランスを始めヨーロッパ諸国ではこれは少数意見である。モランも基本的にトッドと同じ立場に立っているが、私の見るところ、アメリカとロシアに対する評価がトッドよりも客観的である。モランは親米でも親ロでもなければ、反米でも反ロでもない。ただ、ひとえに「ウクライナ戦争」に潜む奥深い政治的・社会的メカニズムをえぐり出そうとしているだけである。そしてその認識を自らの反戦思想につなげて、この戦争を止めるための具体的提言を試みているのである。モランのこうした建設的発想の基盤にあるのは、彼がかねてより提唱している「祖国地球」あるいは「地球共同体」という、人類が依拠すべき自己認識である。この基盤に立脚したモランの複眼的思考と偏りのない明晰な分析が、「ウクライナ戦争」をめぐる多くの書物や分析と異なるところであり、われわれが本書から思想的にも実践的にも学ぶべき要点であろう。

本書に照らすと、「ウクライナ戦争」をめぐる西側マスメディアの報道の偏向性がきわだってくる（本書でモランが批判しているように、モランの母国フランスでもマスメディアや大衆意識は「ロシア憎し」の風潮が大勢を占めている）。日本でも、テレビ・新聞等のマスメディアは、被害国ウクライナ、加害国ロシアという見方を自明の前提にした報道やドキュメンタリーを伝達し続けている。たしかに市民が殺され町が破壊されているのはウクライナであり、これを実行しているのはロシアである。ロシアはたしかに非道なことをしている。しかし、事態がここに至った過程にも目を向けなくてはならない。なによりも、ウクライナ＝善、ロシア＝悪という単純な二元論では、この戦争を終わらせる展望は見えてこない。

日本のマスメディアは単純な善悪二元論に陥っているため、この戦争の終わらせ方についてなんら意見を持ちあわせておらず、ひとえにウクライナの悲惨な状況について、あるいは戦況について、もっぱら観客的に語るといった、およそ表層的としか言いようのない報道を流し続けている。それを見せられ聞かされている視聴者や読者はそこに飲み込まれ、当然のごとく欧米日の指導者と同じような見方をせざるをえなくなる。そもそも日本では当初から、政府もマスメディアも、アメリカとほとんど同じ視点に立って対処し報道してきた。そして、先日の岸田首相のウクライナ訪問に見られるように、ウクライナ支援を本格化するとともに、この機にかこつけて、日本の防衛力強化と称して、いっそうの軍事化を進めようとしている（この問題については、日本の多くの反戦論者が批判を繰り広げているので、これ以上言及しない）。

こうした現状を一口でいうなら、日本はいま、〝無自覚な参戦状態〟にあるということであろう。政府はおそらく日本が〝参戦状態〟にあることを十分に意識しているだろうが、マスメディアは偏向報道によって〝参戦状態〟の醸成に深く関与しているにもかかわらず、自らの報道を〝公正中立〟と自認しているため〝参戦意識〟は希薄であると言わねばならない。そしてマスメディアの発信する、この戦争の歴史的経緯を捨象あるいは歪曲した偏向情報を〝公正中立〟と受け止めている市民大衆においては、日本が西側の一員としてウクライナを〝後方支援〟しているという〝参戦意識〟はさらに希薄であると思われる。

日本の反戦運動は、ロシアの侵略性の糾弾とウクライナ支援だけに焦点をあわせるのではなく、日本が〝参戦〟していることにもっと注意を向けるとともに、一刻も早い停戦を求めて、さまざまな可能性を模索しなくてはならない。なぜならこの戦争は、日本が従属するアメリカ（およびヨーロッパ）の歴史的に形成された価値観による一元的世界支配の綻びを改めて露出させただけでなく、モランも本書で指摘しているように、この間のさまざまな地球規模の危機――「エコロジー的危機、経済的危機、文明の危機、思想の危機」――と深く連動しているという意味で、すでに単なる局地戦争の域を越えて、世界的次元に移行しているからである。

戦争を仕掛けたロシアが大きな責任を負っていることは当然であるが、停戦のためにはロシアと交渉しなくてはならないことも自明の理である。その意味で、モランが本書の最終章において、歴史的過程と現状を踏まえたうえで、具体的な解決策を提案しているのは貴重な試みである。

本書は小著ながら、そもそも戦争とは何か、戦争は何をもたらすか、戦争はいかに人心を荒廃させるか、そして「ウクライナ戦争」はどのような性格を有しているか、といったことについて、われわれが持つべき基本的知識と認識を簡潔明瞭に提示した秀逸な内容を備えている。そして欧米日のマスメディアによって歪められ隘路に入った、われわれの「ウクライナ戦争」についての知識と認識に変更を迫るものである。本書に展開されているモランの客観的分析と主体的提言が、新たな反戦運動への一里塚になることを祈念したい。

人文書院の松岡隆浩さんは、訳者の要請に答えて、本書の出版のために迅速に作業してくれた。記して謝意を評したい。

二〇二三年五月

マ　行

ヤ　行

ラ　行

人名索引

著者略歴

エドガール・モラン（Edgar Morin）
1921 年、フランス生まれの社会学者・思想家。ユダヤ人家庭に生まれ、第二次世界大戦では対独レジスタンスの闘士として活動した。戦後は執筆活動に入り、パリ国立科学研究所主任研究員などを務める。著書に『オルレアンのうわさ　女性誘拐のうわさとその神話作用』（杉山光信訳、みすず書房）、『方法 1 ～ 5』（大津真作訳、法政大学出版局）、『祖国地球』（菊地昌実訳、法政大学出版局）などがあり、多数が邦訳されている。近作に、『百歳の哲学者が語る人生のこと』（澤田直訳、河出書房新社）、『知識・無知・ミステリー』（杉村昌昭訳、法政大学出版局）など。

訳者略歴

杉村昌昭（すぎむら　まさあき）
1945 年生。龍谷大学名誉教授。著書に『漂流する戦後』（インパクト出版会）、『資本主義と横断性』（インパクト出版会）、『分裂共生論』（人文書院）など、訳書にテヴォー『アール・ブリュット』（人文書院）、デュビュッフェ『文化は人を窒息させる』（人文書院）など多数。

戦争から戦争へ
――ウクライナ戦争を終わらせるための必須基礎知識
二〇二三年六月二〇日　初版第一刷印刷
二〇二三年六月三〇日　初版第一刷発行
著　者　エドガール・モラン
訳　者　杉村昌昭
発行者　渡辺博史
発行所　人文書院
〒六一二-八四四七
京都市伏見区竹田西内畑町九
電話〇七五・六〇三・一三四四
振替〇一〇〇〇-八-一一〇三
装　幀　上野かおる
印刷所　モリモト印刷株式会社

落丁・乱丁本は小社送料負担にてお取り替えいたします

ISBN978-4-409-03124-7 C1010

ミシェル・テヴォー著／杉村昌昭訳

アール・ブリュット

野生芸術の真髄

「生《き》の芸術」のバイブル

五二八〇円

作家たちの溢れる創造力の秘密を鮮やかに解き明かし、芸術界のみならず思想界にも強大な影響を与えたアール・ブリュット論の古典的名著、ついに邦訳。さらば既成芸術！

「この本におけるわれわれの意図は、アール・ブリュットの全体的パースペクティブを提供するとともに、そのいくつかの特殊性を明らかにすることである。」（序言より）

ジャン・デュビュッフェ著／杉村昌昭訳

文化は人を窒息させる

デュビュッフェ式〈反文化宣言〉　二四二〇円

芸術の根源へ！

「アール・ブリュット」の名付け親による文化的芸術への徹底批判。制度的な文化概念を根底から覆し、真に自由な創造へと向かう痛快なテクスト。フランス現代思想の知られざる原点ともいえる比類なき著作、初の邦訳。